Sitzungsberichte
der Akademie der Wissenschaften
der DDR
Mathematik – Naturwissenschaften – Technik

4 N

1988

Wolfgang Förster

Sicherheit, Versagenswahrscheinlichkeit, Risiko

AKADEMIE-VERLAG BERLIN

Sitzungsberichte
der Akademie der Wissenschaften
der DDR
Mathematik – Naturwissenschaften – Technik

Jahrgang 1988 · Nr. 4/N

Wolfgang Förster

Sicherheit, Versagenswahrscheinlichkeit, Risiko

AKADEMIE-VERLAG BERLIN
1989

Vortrag von Wolfgang Förster, Korrespondierendes
Mitglied der Akademie der Wissenschaften der DDR,
gehalten am 21. Januar 1988 in der Sitzung der
Klasse Geo- und Kosmoswissenschaften

Herausgegeben im Auftrage
des Präsidenten der Akademie
der Wissenschaften der DDR
von Vizepräsident Prof. Dr. Heinz Stiller

ISBN 3-05-500519-8
ISSN 0138-3965

Erschienen im Akademie-Verlag Berlin, Leipziger Straße 3–4, DDR-1086 Berlin

Lizenznummer: 202 · 100/354/89
Printed in the German Democratic Republic
Gesamtherstellung: VEB Druckhaus Köthen
LSV 3125
Bestellnummer: 763 968 8 (2010/88/4/N)
00300

1. Grundgedanken

Zwei Aufgaben, die Geotechniker ebenso wie andere Ingenieure auch im Rahmen ihres Gesamtaufgabenspektrums zu erfüllen haben, sind Nachweis zu führen, daß

- Konstruktionen und ihre Teile eine angepaßte Sicherheit unter den maximal möglichen, während der Standzeit denkbaren Lasten gegenüber Bruch besitzen (Grenzzustandsnachweis) und
- Konstruktionen und ihre Komponenten die ihnen zugedachten Funktionen übernehmen, ohne daß übermäßige Deformationen auftreten [1] (Gebrauchszustandsnachweis).

Die Grenzzustandsbetrachtung ist Gegenstand des Vortrags.

Seit etwa 20 Jahren wird im Bergbau und in der Geotechnik der DDR ebenso wie in anderen Ländern [2] anerkannt, daß mit jedem geotechnischen oder bergmännischen Projekt ein Risiko verbunden ist, dem man, zwischen Ökonomie und Sicherheit ausgleichend, zu begegnen hat. Unternimmt man den Versuch, das Risiko zu quantifizieren, kommt man zu dem Ausdruck

$$R = p_f \cdot C_2 \tag{1}$$

C_2 — Gesamtschadenssumme, p_f — Versagenswahrscheinlichkeit [3, 4].

2. Konventioneller Sicherheitsnachweis

Dem klassisch arbeitenden Geotechniker stellen sich folgende Aufgaben [5]:

- Bestimmung maßgebender Lasten und Gebirgseigenschaften
- Wahl eines oder mehrerer möglicher Versagensmechanismen; Vergleich von bruchfördernden und bruchwiderstehenden Wirkungen (statische Berechnung)
- Festlegung des als notwendig erachteten Sicherheitsniveaus (Sicherheitsfaktor).

Die Vorgehensweise sei für den Fall des Bruches einer Böschung auf vorgegebener Gleitfläche erläutert (Abb. 1). Der Bruch wird kinematisch möglich durch die Bildung

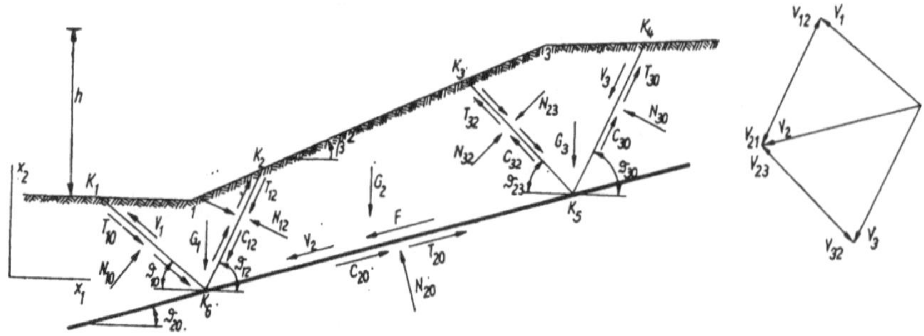

Lageplan *Hodographenplan*

Abb. 1 Versagensmechanismus für den Bruch einer Böschung auf vorgegebener Gleitfläche

von Zwischengleitflächen. Die Festigkeit sei durch die Mohr-Coulombsche Gleichung

$$\tau_f = c' + \sigma' \tan \phi' \tag{2}$$

beschrieben. (c' — wirksame Kohäsion, ϕ' — wirksamer Reibungswinkel, σ' — wirksame Normalspannung, τ_f — Bruchscherfestigkeit).

Daraus resultieren in den Gleitflächen der Längen l_{ik}

— die Normalkräfte

$$N_{ik} = \int_{l_{ik}} \sigma' \, ds, \qquad (i, k = 0, 1, 2, 3) \tag{3.1}$$

$$N_{ik} = N_{ki}, \qquad (i, k \neq 0)$$

— die Reibungskräfte

$$T_{ik} = N_{ik} \cdot \tan \phi', \qquad (i, k = 0, 1, 2, 3) \tag{3.2}$$

$$T_{ik} = T_{ki}, \qquad (i, k \neq 0)$$

— die Kohäsionskräfte

$$C_{ik} = \int_{l_{ik}} c' \, ds, \tag{3.3}$$

$$C_{ik} = C_{ki} \qquad (i, k = 0, 1, 2, 3)$$

Die Gewichtskräfte G_i ($i = 1, 2, 3$) sind eine Funktion der Rohwichte γ und — ebenso wie die vorangehend erläuterten Kräfte — der Geometrie (nicht eindeutig bestimmt; Punkte K_i ($i = 1, 2, \ldots 6$) sind verschieblich).

Führen wir bodenmechanische Versuche durch, zeigt sich sehr rasch, daß zumindest alle bodenmechanischen Parameter (in unserem Falle c', ϕ', γ) in ihrer Größe nicht exakt festgelegt (determiniert) sind, sondern einen beliebigen Wert innerhalb eines bestimmten Wertebereichs annehmen können, d.h. Zufallsgrößen sind.

Darauf ist noch zurückzukommen. Im Moment genügt die Feststellung, daß das konventionelle Vorgehen diesem Aspekt nicht Rechnung trägt. Aus dem Spektrum möglicher Werte wird ein sogenannter „maßgebender" Wert subjektiv ausgewählt und als quasi determinierte Größe zur quantitativen Beschreibung einer Lockergesteinseigenschaft verwendet. Streng genommen trifft das auch für geometrische Parameter (Böschungswinkel β, Böschungshöhe h, Schichtgrenzen etc.) zu, wenn auch hier das Arbeiten mit determinierten Größen zu geringeren Fehlern führt. Deutlich wird ein erster Mangel klassischen Vorgehens:

(I) Stochastische Größen werden willkürlich durch determinierte ersetzt.

Unter Berücksichtigung festgelegter Parameter befindet sich der Mechanismus im allgemeinen nicht im Grenzzustand. Der Grenzzustand muß herbeigeführt werden durch eine zusätzliche Kraft F, die Bruchursache genannt wird und willkürlich, aber sinnvoll, anzubringen ist. Tut man das, so bilden die Gleichgewichtsbedingungen für jedes Element des Starrkörpermechanismus ein System von Gleichungen, aus dem die Kräfte N_{ik} (und damit T_{ik}) und die Kraft F berechenbar sind:

$$N_{ik} = N_{ik}\,(\text{Geometrie}, c', \phi', \gamma, (F)) \tag{3.4}$$

$$\begin{aligned} F &= F\,(\text{Geometrie}, \phi', c', \gamma),\\ &= A_\phi \cdot \tan \phi' + A_c \cdot \frac{c'}{\gamma_w \cdot h} - A_\gamma \cdot \left(\frac{\gamma}{\gamma_w}\right),\\ A_\phi, A_c, A_\gamma &= A\,(\text{Geometrie}). \end{aligned} \tag{3.5}$$

Das Symbol (F) deutet an, daß die Kräfte N_{ik} zwar nicht von der *Größe* F abhängig sind, aber davon, an welchem Element F angebracht wurde und in welcher Richtung.

Nunmehr ist eine erste Variante einer Sicherheitsdefinition möglich:

a) $$S_1 = \frac{H}{B} \tag{4.1}$$

H – Summe bruchhindernder Kraftkomponenten B – Summe treibender Kraftkomponenten	in bevorzugter Bruchrichtung; parallel zur Wirkungslinie der „Bruchursache" F

Gleichung (4.1) für unser Beispiel geht über in

$$\begin{aligned} S_1 = \frac{1}{(G_1 + G_2 + G_3) \cdot \sin \vartheta_{20}} &(N_{10} \cdot \sin (\vartheta_{10} + \vartheta_{20}) + (T_{10} + C_{10}) \cdot \\ &\cdot \cos (\vartheta_{10} + \vartheta_{20}) + C_{20} + T_{20} + (C_{30} + T_{30}) \cdot \cos (\vartheta_{30} - \vartheta_{20}) - \\ &- N_{30} \cdot \sin (\vartheta_{30} - \vartheta_{20})). \end{aligned} \tag{4.1b}$$

Beachtet man, daß alle im Zähler des Bruches stehenden Kräfte von der *gewählten* Bruchursache abhängen und darüber hinaus das letzte Glied mit umgekehrtem Vorzeichen gegebenenfalls auch zu den treibenden (im Nenner stehenden) Kräften gezählt werden kann, sind unterschiedliche Werte für die Sicherheit S_1 möglich.

b) Die Kräfte leisten längs des Verschiebungsweges Arbeiten.

Dabei sind 2 Gruppen zu unterscheiden:

α) äußere Kräfte mit der Arbeit

$$A = -G_1 \cdot V_1 \cdot \sin \vartheta_{10} + G_2 \cdot V_2 \cdot \sin \vartheta_{20} + G_3 \cdot V_3 \cdot \sin \vartheta_{30}, \tag{5.1}$$

β) innere Kräfte, deren Arbeit vorwiegend in Wärme umgewandelt (dissipiert) wird

$$D = -((T_{10} + C_{10}) \cdot V_1 + (T_{20} + C_{20}) \cdot V_2 + (T_{30} + C_{30}) \cdot V_3 \\ + (T_{12} + C_{12}) \cdot V_{12} + (T_{32} + C_{32}) \cdot V_{23}). \tag{5.2}$$

Damit läßt sich eine Sicherheit definieren [6]

$$S_2 = -D/A. \tag{4.2}$$

Auch die Größe dieses Ausdrucks ist natürlich wiederum abhängig von der Wahl der Bruchursache.

c) Letztlich kann man sich den Grenzzustand dadurch eintretend denken, daß alle Festigkeitskomponenten proportional bis zum Eintritt des Bruches vermindert werden. Eine Sicherheit ist dann darstellbar durch das Verhältnis von mittlerer Scherfestigkeit $\tau_{f,m}$ und mittlerer notwendiger Scherfestigkeit bzw. *auftretender* Scherspannung τ_m

$$S_3 = \tau_{f,m} / \tau_m \tag{4.3a}$$

bzw.

$$\tau_m = \frac{c'}{S_3} + \sigma' \cdot \frac{\tan \phi'}{S_3}. \tag{4.3b}$$

Man integriert wieder über die Gleitlängen l_{ik}, kommt damit zu Kräften anstelle der Spannungen. An die Stelle der T_{ik} und C_{ik} treten durch S_3 dividierte Größen in den Gleichgewichtsbedingungen. S_3 ersetzt als Unbekannte die Bruchursache F. Allerdings werden die Gleichungen nicht linear.

Deutlich zeigt sich der 2. Mangel klassischen Vorgehens:

(II) Die Sicherheit ist von der Definition her nicht eindeutig. Mehrere Varianten sind denkbar.

Normalerweise liegt die Größe des Sicherheitsfaktors bei $1{,}0 < S < 2{,}0$ (4,0). Die definitionsbedingten Schwankungen können mehrere Zehntel betragen. Hinzu kommt noch die Willkür bei der Wahl der „maßgebenden" Lockergesteinsparameter. Die Vorgabe einer Sicherheit ohne nähere Festlegung in Vorschriften ist damit unsinnig. Die Vorschriften des Bergbaus tragen dem Rechnung, indem sie dem Sachverständigen die Wahl der Größe des erforderlichen Sicherheitsfaktors überlassen. Das ist einerseits richtig, denn er kennt den vorangehenden Gang der Untersuchung und alle in ihr enthaltenen Hypothesen am besten. Andererseits sind aber die Hinweise für die Festlegung des Sicherheitskoeffizienten [7] (Bedeutung zu schützender Objekte und Anlagen; Standdauer des Erdbauwerks, Erkundungsgrad, Repräsentanz der Kennwerte, verwendetes Berechnungsverfahren) zu unscharf. Es zeigt sich der letzte Mangel:

(III) Das klassische Vorgehen bietet keine Möglichkeiten für die objektive Wahl des Sicherheitskoeffizienten.

An dieser Stelle ist nochmals ergänzend darauf hinzuweisen, daß der Versagensmechanismus geometrische Freiheitsgrade in den Koordinaten $X_{\alpha,p}$ ($\alpha = 1, 2$; $p = 1, 2, \dots (6)$) der Punkte K_p enthält. Die Coulombsche Hypothese verlangt den Versagensmechanismus, für den

$$S = \text{Min.} \tag{6.1}$$

Beachtet man

$$S = S\,(x_{\alpha,p};\, \phi', c', \gamma), \tag{6.2}$$

resultieren aus (6.1) die Bedingungsgleichungen für die Koordinaten $X_{\alpha,p}$

$$\frac{\partial S}{\partial X_{\alpha,p}} = 0, \qquad (\alpha = 1, 2 : p = 1, 2, \dots (6)). \tag{6.3}$$

Üblicherweise wird man die Suche nach den die Bedingungen (6.1) erfüllenden Größen heute unter Rechnereinsatz mit Verfolgen einer ausgewählten Optimierungsstrategie durchführen.

3. Versagensabstand, Versagenswahrscheinlichkeit

Für jeden Versagensmechanismus existiert eine sogenannte Grenzzustandsgleichung.

In unserem Falle folgt sie aus (3.5). Versagen tritt ein, wenn $F \leq 0$, also wird der Grenzzustand erreicht, wenn

$$F = \left(A_\phi \cdot \tan\phi' + A_c \frac{c'}{\gamma_w \cdot h}\right) - A\gamma \left(\frac{\gamma}{\gamma_w}\right) = 0 \tag{7.1}$$

oder allgemeiner

$$F = (A_1 \cdot X_1 + A_2 \cdot X_2) + A_3 \cdot X_3 = 0. \tag{7.2}$$

X_i ($i = 1, 2, 3$) sind Zufallsgrößen. Der Grenzzustand $F \equiv 0$ ist bestimmten Kombinationen der Parameter X_i zugeordnet.

Offensichtlich entsprechen die ersten beiden Glieder „haltenden" Wirkungen H, das letzte einer „treibenden" B. Die Differenz F zwischen beiden ist der Versagensabstand.

Es läßt sich formulieren

$$F = H - B \quad \begin{cases} > 0 \text{ stabil} \\ < 0 \text{ instabil} \end{cases} \tag{8}$$

Die Versagenswahrscheinlichkeit p_f ist die Wahrscheinlichkeit dafür, daß $F < 0$, also

$$p_f = P\,(F < 0) \leq 1. \tag{9}$$

Praktisch *alle* in unser Modell eingehenden Größen sind – wie bereits erwähnt – Zufallsgrößen, wenn auch Untersuchungen deutlich werden lassen, daß die Streuungen geometrischer Parameter (β, h) zumeist so klein sind, daß diese Größen ausreichend genau durch ihre Mittelwerte, also durch determinierte Parameter, ersetzt werden können. (In den Gleichungen 7 wurde diese Voraussetzung bereits getroffen.)

Näherungsweise trifft das auch für die Rohwichte γ zu. Zufallsgrößen werden durch Dichte- oder Verteilungsfunktionen beschrieben. Im allgemeinen genügt es, sie durch Werte zu charakterisieren, die die bestimmenden Eigenschaften der genannten Funktionen reflektieren. Das sind

- Mittelwert (Erwartungswert) $\overline{X}$,
- Streuung (Varianz) σ^2,
- Standardabweichung σ,
- Variationskoeffizient $v = \overline{X}/\sigma$.

Sind die Zufallsgrößen voneinander abhängig (es bestehen z.B. Abhängigkeiten zwischen $\tan \phi'$ und c'), sind auch noch Covarianz und Korrelationskoeffizient notwendig.

Zur Berechnung der Versagenswahrscheinlichkeit nach (9) stellen wir uns vorläufig vor, daß für die „haltende" Wirkung H wie für die „treibende" B jeweils einheitliche Dichteverteilungen existieren (Abb. 2) [9]. Hat die treibende Kraft B die Größe y,

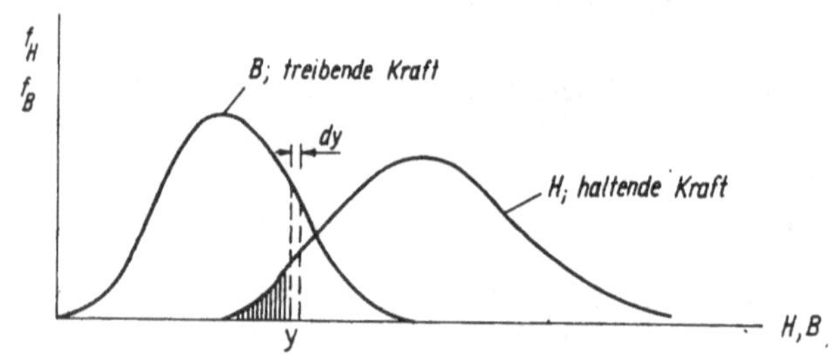

Abb. 2 Dichteverteilungen für die haltende Kraft H und die treibende Kraft B als Basis zur Ermittlung der Versagenswahrscheinlichkeit

dann ist die Wahrscheinlichkeit eines Bruches proportional zur Wahrscheinlichkeit $P(H < y)$ (schraffierte Fläche). Der Beitrag zur Wahrscheinlichkeit eines Bruches durch das Ereignis $y \leq B \leq y + dy$ ist bei Unabhängigkeit von B und H nach dem Multiplikationssatz

$$P\,(y \leq B \leq y + dy) \cdot P\,(H < y) = f_B(y) \cdot P(H < y) \cdot dy. \tag{10.1}$$

Die totale Bruchwahrscheinlichkeit findet man nach dem Additionssatz durch Integration über alle möglichen Werte der treibenden Kraft

$$p_f = P\,(F < 0) = \int_{-\infty}^{\infty} f_B\,(y) \cdot P(H < y)\,dy. \tag{10.2}$$

Das erste Glied ist die Dichtefunktion der treibenden Kraft, das zweite die Verteilungsfunktion der haltenden. Die Versagenswahrscheinlichkeit wird durch die Größe des Überlappens beider Flächen charakterisiert.

Sind die Zufallsgrößen X, Y voneinander unabhängig und normal verteilt, gilt für die Summe Z von Zufallsgrößen, daß sie wiederum normalverteilt ist. Für Streuung und Mittelwert erhalten wir [10]

$$\overline{Z} = \overline{X} + \overline{Y}; \quad \sigma_z^2 = \sigma_x^2 + \sigma_y^2. \tag{11}$$

Wenden wir dieses Wissen auf Gleichung (7) an, so erhalten wir

$$\overline{F} = \sum_{i=1}^{3} A_i \cdot \overline{X}_i \ ; \ \sigma_F^2 = \sum_{i=1}^{3} (A_i \cdot \sigma_i^2). \tag{12}$$

Daraus folgt der Sicherheitsindex

$$\beta = \frac{\overline{F}}{\sigma_F} = \frac{\sum_i (A_i \cdot \overline{X}_i)}{\sqrt{\sum_i (A_i \cdot \sigma_i^2)}}. \tag{13}$$

Die Versagenswahrscheinlichkeit läßt sich dann einfach gemäß

$$p_f = P\ (F < 0) = \Phi\ (-\beta) \tag{14}$$

berechnen. Φ – Gaußsche Verteilungsfunktion.

Abbildung 3 verdeutlicht die Zusammenhänge.

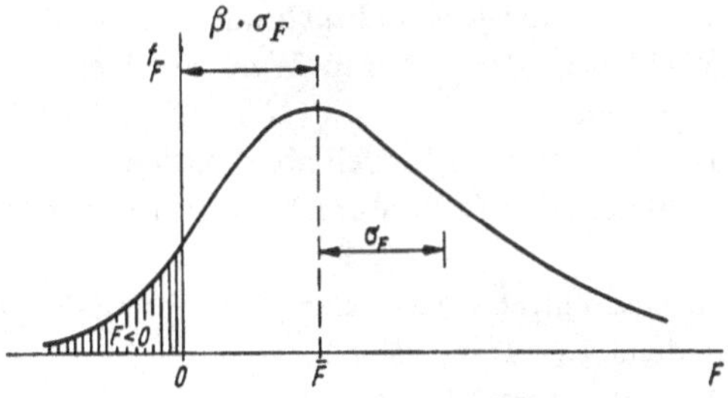

β	1	1,5	2	3	4
p_f	$1{,}6 \cdot 10^{-1}$	$6{,}7 \cdot 10^{-2}$	$2{,}3 \cdot 10^{-2}$	$1{,}4 \cdot 10^{-3}$	$3{,}2 \cdot 10^{-5}$

Abb. 3 Zur Definition des Sicherheitsindexes β und sein Zusammenhang mit der Versagenswahrscheinlichkeit p_f

Die Aufgabe wird viel komplizierter, wenn die Zufallsvariablen nicht unabhängig voneinander sind, keine Normalverteilung vorliegt oder beides. Numerische Verfahren sind üblich.

Zwischen Sicherheitsfaktor und Sicherheitsindex lassen sich Relationen herstellen. Mit $\bar{F} = \bar{H} - \bar{B}$ und $S = \bar{H}/\bar{B}$ wird aus (13)

$$\beta = \frac{S-1}{S \cdot V_H \cdot \sqrt{1 - \frac{1}{S^2} \cdot \left(\frac{V_B}{V_H}\right)^2}}$$

$$\approx \frac{S-1}{S \cdot V_H}\left(1 + \frac{1}{2}\frac{1}{S^2}\left(\frac{V_B}{V_H}\right)^2\right) \approx \frac{S-1}{S \cdot V_H}. \tag{15}$$

Die letzte Form der Gleichung (15) setzt voraus, daß der Variationskoeffizient treibender Kräfte V_B vernachlässigbar klein ist gegenüber dem der haltenden Kräfte. Aus (15) folgt schließlich

$$S = 1/(1 - \beta \cdot V_H). \tag{16}$$

Diese Gleichung schreibt gegenüber bisherigen Gleichungen (Abschnitt 2) für die Sicherheit die Verwendung von Mittelwerten vor und berücksichtigt Streuungen in Form der Varianz haltender Kräfte, im wesentlichen also der Scherfestigkeit längs der Gleitfläche.

Einige Ergebnisse von Rechnungen und Überlegungen seien genannt [11, 12]:

- Auch hohe Sicherheiten führen durchaus noch zu merklichen Bruchwahrscheinlichkeiten, solange $V_H \neq 0$.
- Sicherheiten $S < 1$ entsprechen keineswegs Versagenswahrscheinlichkeiten $p_f \equiv 1{,}0$.
- Der Zusammenhang zwischen Sicherheit und Versagenswahrscheinlichkeit wird zusätzlich noch durch die Varianz geprägt. Beim Vergleich zweier Sicherheiten kann der größeren durchaus die größere Bruchwahrscheinlichkeit entsprechen. Das verdeutlicht die Wichtigkeit der richtigen Wahl des Sicherheitskoeffizienten in klassischen Berechnungen.
- Das Ergebnis hängt erheblich vom Modell ab, d.h. von
  - der Wahl der Dichtefunktion (z.B. normalverteilt, gleichverteilt, empirisch verteilt)
  - dem korrelativen Zusammenhang zwischen Zufallsvariablen und seiner tatsächlichen Berücksichtigung (z.B. tan ϕ', c')
  - der Beachtung von Autokorrelationen.
- Im allgemeinen nimmt der berechnete Wert für die Bruchwahrscheinlichkeit ab, wenn Verteilungsfunktion und korrelativer Zusammenhang richtig gewählt werden. Solche Abhängigkeiten sind von besonderem Einfluß, wenn β groß ist.
- Von Bedeutung ist, sich Klarheit über die Herkunft des Wertes der Varianz zu verschaffen.

  Möglich wären
  - systematische Fehler (geringe Probenzahl, Versuchsmängel) und
  - zufällige Abweichungen (räumliche Veränderung der Eigenschaften).

  Letztere *können* sich ausgleichen, wenn das Bruchkörpervolumen groß genug ist.

Untersuchungen [13] zeigen, daß die tatsächliche Häufigkeit von Versagensfällen über der liegt, die aus Zuverlässigkeitsuntersuchungen zu folgern wäre.

Ursachen dafür sind, daß

- menschliche Fehler in Entwurf und Ausführung nicht beachtet werden können [3] oder
- Versagensmechanismen aufgetreten sind, die nicht vorausgesehen wurden.

Das macht nochmals deutlich, daß die Sicherheit nicht der Güte der Berechnung, sondern der Güte der Hypothesen entspricht. Vor den subjektiven Mängeln muß man sich durch ein geeignetes Qualitätskontrollverfahren schützen. Darüber hinaus müssen Messungen während der Arbeiten durchgeführt werden, die zu einer Verbesserung der Hypothesen führen. Es sind Vorkehrungen zu treffen, den Fortgang der Arbeiten verbesserten Hypothesen anpassen zu können [14].

Die Berechtigung dafür, trotz ihnen anhaftender Mängel Zuverlässigkeitsuntersuchungen durchzuführen, liegt darin, daß

- eine sorgfältige Untersuchung natürlich generell bessere Einsichten und Verständnis für Vorgänge vermittelt [9],
- der Ingenieur die Verpflichtung hat, zumindest den Einfluß der Faktoren zu verfolgen, die er kennt und
- schließlich der beschriebene Weg bisher zwei der offensichtlichen Mängel konservativer Vorgehensweise (Sicherheitskoeffizient) begegnen kann.

Das größte Problem liegt noch in der *Festlegung einer maßgebenden Bruchwahrscheinlichkeit* so wie beim konventionellen Vorgehen in der Wahl der zulässigen Sicherheit. Unter bestimmten Umständen vermittelt auch dafür die Zuverlässigkeitsuntersuchung einen Zugang. Wir betrachten die Kosten für die Ausführung eines Projektes als Summe zweier Faktoren

$$C = C_1 + p_f \cdot C_2. \tag{17}$$

$C_1 = C_1(p_f)$ – Baukosten

$C_2 = C_2(p_f)$ – eventuelle Schadenskosten

Offensichtlich werden die Baukosten mit hoher angesetzter Versagenswahrscheinlichkeit abnehmen, hingegen dürften die Schadenskosten mit größerem Risiko zunehmen (Abb. 4).

Für die zu erwartenden Kosten ergibt sich ein Minimum bei einem festen Wert der Versagenswahrscheinlichkeit. Ein solches Vorgehen ist natürlich nur denkbar, wenn sich die Schadensfolgen auf gleicher Basis bewerten lassen. Es ist sicherlich nicht gangbar, wenn Menschenleben in Gefahr sind. In solchen Fällen und Fällen, die die Gesellschaft als Ganzes betreffen, kann man dem Ingenieur nicht mehr zumuten, die Größe des vertretbaren Risikos allein festzulegen.

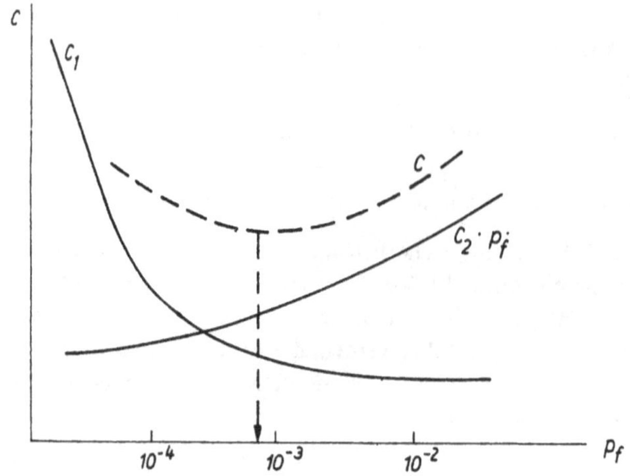

Abb. 4 Kosten als Funktion der Versagenswahrscheinlichkeit als Basis einer zu wählenden Versagenswahrscheinlichkeit

Eine andere Art des Vorgehens ist, die berechnete Versagenswahrscheinlichkeit mit „zulässigen" zu vergleichen, d.h. solchen, die in der Gesellschaft üblicherweise akzeptiert werden. Es existieren dazu eine Reihe von Veröffentlichungen; z.B. [3, 13].

Aus ihnen werden Wahrscheinlichkeiten für Schädigungen zwischen $10^{-3}-10^{-4}$ bei Tätigkeiten ersichtlich, die der Mensch freiwillig auf sich nimmt. In der Industrie liegen Schranken bei 10^{-4} für teilweises Versagen und 10^{-6} für totales Versagen. Sicher ist es nicht richtig, einen festen Wert zu fixieren. Daraus könnte eine Forderung nach präziser Risikoberechnung abzuleiten sein, die unerfüllbar ist.

Hagen [3] hat für den Braunkohlenbergbau eine Vorkommniskartei ausgewertet und kommt davon ausgehend zu der Einschätzung, daß die heute im Braunkohlenbergbau feststellbaren Werte in etwa akzeptabel sind ($10^{-3}-10^{-5}$). Sie widerspiegeln auch Folgen menschlichen Versagens, das zu 90% für unsere Rutschungen verantwortlich zeichnet, so daß man – wird dieser Faktor in der Berechnung nicht erfaßt – einen um eine Zehnerpotenz kleineren Wert zu wählen hätte.

4. Risikobewertung von Systemen

Der beispielhaft behandelte Fall einer rutschenden Böschung ist sehr einfach; nur ein Element, nämlich die Böschung, kann versagen. Für den Ausfall größerer Objekte sind hingegen mehrere, oft miteinander in Wechselwirkung stehende Ursachen verantwortlich zu machen. Ergänzende, aus der Systemtheorie folgende Betrachtungsweisen sind notwendig. Unter solchen Umständen ist es üblich, mit sogenannten Ereignisbäumen zu arbeiten, die die verschiedenen Ereignisfolgen verdeutlichen, die zu dem letztlich zu beurteilenden Versagensfall führen. Ganz vereinfacht soll als Beispiel der Produktionsausfall eines Tagebaues, ausgerüstet mit einer Abraumförderbrücke mit Vorschnitt und Grubenbetrieb betrachtet werden.

Abbildung 5 zeigt einen möglichen Ereignisbaum, wobei die behandelten Störungen geotechnisch oder technologisch bedingt sein sollen. Die eingetragenen Wahrscheinlichkeiten sind geschätzt. Zu bedenken ist, daß es sich um bedingte Wahrscheinlichkeiten handeln kann. Die vorangehenden Ereignisse sind zu beachten. Oftmals wird man auf Schätzungen angewiesen sein.

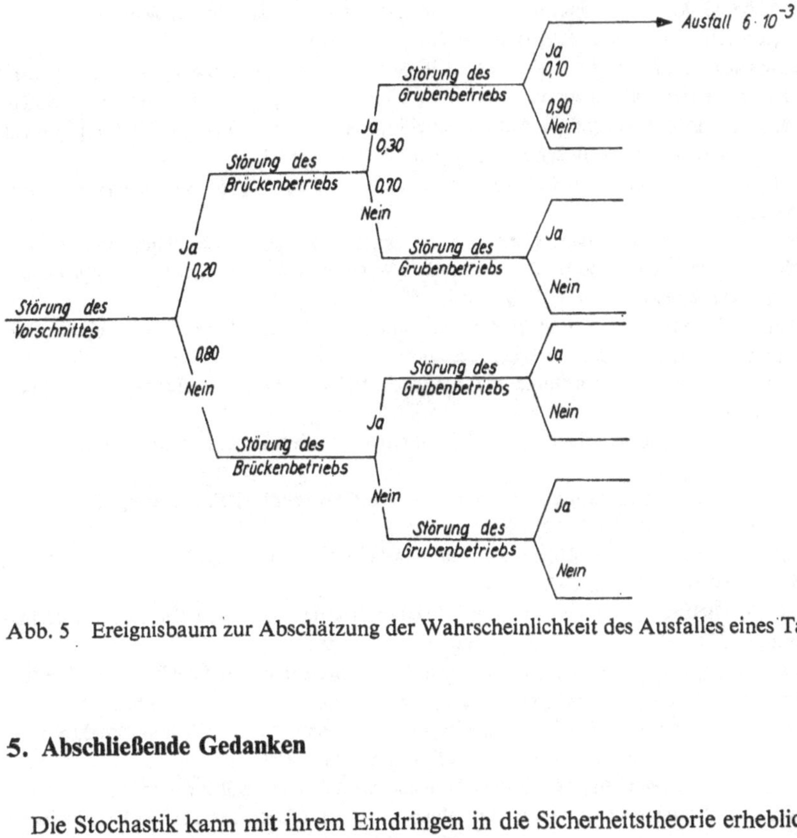

Abb. 5 Ereignisbaum zur Abschätzung der Wahrscheinlichkeit des Ausfalles eines Tagebaus

5. Abschließende Gedanken

Die Stochastik kann mit ihrem Eindringen in die Sicherheitstheorie erheblich dazu beitragen, sowohl bestehende Mängel im bisherigen Sicherheitsnachweis abzubauen als auch bessere Einsichten zu vermitteln. Ganz wesentlich ist, daß sich unter ihrem Einfluß der Gedanke durchgesetzt hat, daß mit jedem Ingenieurbauwerk ein Risiko verbunden ist, das akzeptiert werden muß, auf das man sich einzustellen hat und das quantifizierbar ist.

Die Versagensanalyse ist unter Beachtung der in sie eingehenden Parameter als Zufallsgrößen keinesfalls einfacher und auch nicht sicherer geworden. Es treten neue

Stellen auf, an denen Fehler gemacht oder fehlerhafte Hypothesen verwendet werden können.

Man muß sich davor hüten, mit Hilfe von Wahrscheinlichkeitsanalysen zu Aussagen gelangen zu wollen, die man genauer durch Messungen oder Beobachtungen bestimmen könnte.

Anmerkungen

1 Meyerhof, G. G.: Safety factors and limit states analysis in geotechnical engineering; Can. Geotechn. Journal 21 (1984), S. 1–7.

2 Cusagrande, A.: Role of the 'Calculated Riske' in Earthwork and Foundation Engineering, Journ. of the Soil Mechanics Division, ASCE, Vol. 91, No SM4, July 1965, S. 1ff.

3 Hagen, Clemens: Beitrag zum Aufbau einer probablistischen Sicherheitskonzeption für die Dimensionierung von Böschungen im Lockergestein, FFH A708, 1985.

4 Gudehus, G.: Numerical methods versus statistical safety in geomechanics (vom Autor übersandt).

5 Förster, W. u.a.: Zur Genauigkeit bodenmechan. Aussagen bei der Untersuchung von Böschungen und zur Verantwortung der Sachverständigen; Zeitschrift für Angewandte Geologie, Bd. 25 (1979), Heft 12, S. 624ff.

6 Gudehus, G.: Ein statisch und kinematisch korrekter Standsicherheitsnachweis für Böschungen; Berichte der Baugrundtagung, Düsseldorf 1970.

7 Arbeits- und Brandschutzordnung 122/1 vom 5. 10. 73 – Bergbausicherheit im Bergbau über Tage –

8 Gudehus, G.: Standsicherheitsnachweise für Grundbauwerke, Geotechnik Heft 1/1987, S. 4 bis 34.

9 Whitmann, R. V.: Evaluating Calculated Risc in Geotechnical Engineering, Journal of Geot. Eng., Vol. 110, No. 2, Feb. 1984, S. 145ff.

10 Rasch. D.: Elementare Einführung in die Mathemat. Statistik, VEB Deutscher Verlag der Wissenschaften, Berlin 1970.

11 Weber, E.: Beitrag zur Ermittlung von Bruchwahrscheinlichkeiten für Lockergesteinsböschungen, Dissertation 1979, Bergakademie Freiberg.

12 Förster, W. u.a.: Eine stochastische Variante der Methode von Fröhlich zur Untersuchung der Standfestigkeit von Böschungen, Neue Bergbautechnik 6/1981, S. 331ff.

13 Ingles, O. C.: Safety in Civil Engineering – its Perception and Promotion, UNICIV Report No. R-188, Juli 1979, University of New South Wales.

14 Jolas, P.: Zur Anwendung der Observationsmethode bei der Lösung von Aufgaben der angewandten Bodenmechanik im Braunkohlenberbgbau, Dissertation 1985, Bergakademie Freiberg.

ISBN 3-05-500 519-8
ISSN 0138–3965

FSC
www.fsc.org
MIX
Papier | Fördert
gute Waldnutzung
FSC® C083411

Zeitfracht Medien GmbH
Ferdinand-Jühlke-Straße 7
99095 Erfurt, Deutschland
produktsicherheit@kolibri360.de